石獅安安
愛遊歷

尋找
生活中的珍寶

認識香港非物質文化遺產

麥曉帆　著

李成宇　圖

新雅文化事業有限公司
www.sunya.com.hk

自從上次參觀香港的特色地貌後，石獅安安好久沒四處逛啦！

今天他在懶洋洋地睡覺時，兩位登山客經過他身旁，

香港的非物質文化遺產非常豐富！

好呀，去看看吧！

爸爸，我也想去尋寶呀！

其中一位說：「難得你來香港旅遊，今天帶你去吃雲吞麵、蛋撻和喝奶茶，明天再帶你去看粵劇，這些都是香港非物質文化遺產，是我們生活中的珍寶呢！」

Really?

知識加油站

什麼是非物質文化遺產？

非物質文化遺產包括世代相傳下來的語言、表演藝術、禮儀風俗、民間知識、手工藝等的智慧財產。它們都得到社區或羣體的認同，有助增強凝聚力，而且至今仍然流傳。保護非物質文化遺產可以保留文化多樣性，並鼓勵人們欣賞和尊重不同的文化，對整個人類社會都非常重要呢！

知識加油站

香港有多少個非物質文化遺產？

香港非物質文化遺產的數量可不少，首份清單共有480項，當中更有一項被列入世界級人類非物質文化遺產，那就是粵劇！

到底非物質文化遺產有什麼特別呢？石獅安安決定下山去一探究竟。

他經過一條名為曾大屋的客家村落時，碰上一位老爺爺帶着他的孫子散步。

你好得意，
我好鍾意你呀！

啊……謝謝你。

4

小朋友說：「爺爺，你睇吓，
依隻獅子好得意啊！」

石獅安安聽見小朋友稱讚自
己，既高興，又害羞呢！

 知識加油站

故事中的小朋友使用了什麼語言？

他使用的是粵語，是香港人最常用的語
言，也是香港非物質文化遺產。粵語有
很多形象化的詞彙（例如「生猛」指生
氣勃勃），也有幽默諧趣的歇後語（例
如「扮豬食老虎 —— 詐傻扮懵」），
所以說起來很生動活潑。

文化知多點

用粵語朗讀唐詩更好聽？

粵語是廣東、廣西、海南等地方長
久以來使用的語言。在古代，因為交
通不便，這些地方較少與外界交流，
語音變化較少，得以保留不少古代語
音。因此，不少唐詩用粵語朗讀的
話，更為押韻。

老爺爺覺得石獅安安很可愛，便逗他說話，
笑瞇瞇地問：「你愛去哪？」
　　老爺爺的語音和說法怪怪的，石獅安安聽不
懂，呆了呆說：「啊？」

爺爺說，請你
進屋喝茶呢。

不用了，謝謝！
我想先去看粵劇。

入來食茶呀！

經小朋友解釋，石獅安安才知道老爺爺說的是客家話，那句話是問他要去哪兒。

石獅安安告訴老爺爺，他想去看粵劇，老爺爺便建議他去西九文化區的戲曲中心。

什麼是客家話？

客家話是客家人使用的語言，也是香港非物質文化遺產。清朝的時候，大量客家人來到香港生活，所以客家話曾在香港普及。但在1960年代，英語和粵語逐漸成為香港正式教學語言，久而久之，現在大部分年輕一輩的客家人都不懂得說客家話了。

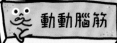

為什麼要保育非主流語言？

在香港，我們主要使用粵語、英語和普通話。學會這些語言，已能應付我們的日常生活，那為什麼還要保育非主流語言（例如客家話）呢？

（答案見第31頁）

知識加油站

粵劇演員騎馬不用馬？

在粵劇中會用到一些道具，配合演員的演技，就能活現上馬、下馬、馬匹失蹄等情景。

這位演員手持馬鞭，正在扮演騎馬。

石獅安安踏進富有時代感的戲曲中心時，這兒剛好在上演一齣著名的粵劇。

粵劇演員們穿着花枝招展的戲服，在舞台上一會兒耍功夫，一會兒唱曲，讓人看得眼花繚亂，精彩非常！

石獅安安心想，待會兒一定要到後台去，好好稱讚演員們的演技！

知識加油站

粵劇有什麼特色？
粵劇不但是香港非物質文化遺產，更是世界級非物質文化遺產呢！粵劇流行於廣東省內，因演出規模龐大，所以也稱為「大戲」，以唱（唱歌）、念（念對白）、做（演戲）、打（武打），演出一個個精彩的故事。

好精彩呀！

石獅安安在後台和演員們談得很高興。忽然，一位演員換上了一件長長的衣服。石獅安安從沒見過這種衣服，感到很好奇呢！

那位演員笑着說：「你不是想看更多香港非物質文化遺產嗎？中式長衫的製作技藝也是其中一項，你可以去中式服裝店訂做一件長衫呢。」

「好呀！」石獅安安坐言起行，馬上行動！

這是男裝的中式長衫，裏面還會穿一條褲子。

這件衣服有點像長裙呢。

文化知多點

什麼人會穿中式長衫？

現在很少人穿中式長衫了，但它在民國初期（20世紀初）是十分流行的。男裝長衫其實是一件合身的長袍，顏色樸素，簡單又不失隆重，可以說是身分的象徵，代表了穿着者的學識和修養。

來到服裝店，裁縫師傅看見石獅安安，一邊撓頭一邊說：「嗯，為獅子做長衫，我從來沒試過呢！我接受挑戰！」

知識加油站

中式女裝是怎樣的？

女裝長衫又稱為「旗袍」，據說是受到清朝的滿族文化影響而出現的。另一種稱為「裙褂」的傳統服裝，是女性婚嫁時穿着的，上面縫上大量金銀線和珠片，看起來隆重而矜貴！製作裙褂非常複雜，要一針一線地縫製，很考裁縫師傅的功力。裙褂和中式長衫的製作技藝，都是香港非物質文化遺產。

旗袍

男裝長衫

做長衫講求衫身合一，我來幫你量身吧！

謝謝師傅！

量身後，石獅安安便到附近的雲吞麵店品嚐本土美食！

石獅安安一邊吃雲吞，一邊讚美道：「嘩！這種叫做雲吞的食物，皮又薄、料又足，太好吃了。」

麵店老闆高興地說：「我們的雲吞都是自家製作的！你知道嗎？雲吞製作技藝可是香港非物質文化遺產呢！」老闆的心情十分好，說完後，還決定教石獅安安如何包雲吞呢。

好呀！謝謝你。

我來教你做好吃的雲吞麵吧！

知識加油站

雲吞是怎樣製成的？

雲吞又稱為「餛飩」，在中國各地都有不同的做法。香港的雲吞皮用雞蛋和麵粉製成，以半肥瘦豬肉粒、大地魚粉末和蝦肉為餡，用手迅速捏成乒乓球大小的形狀，然後放入湯中煮熟，美味非常，配合爽口的麵條來吃，是很多香港人的日常便餐呢！

這些涼茶，有的可以清熱解毒，
有的可以生津止渴，你想喝哪一種啊？

雞骨草

五花茶

清熱
五花茶
功效

走出麪店，石獅安安轉過街角，看見一間叫做「涼茶舖」的小店，裏面有金色的大鼎，裝着黑色的、氣味獨特的液體，便問涼茶舖老闆這是什麼。

老闆說：「這是涼茶，是用中草藥製成的飲料，很有藥用價值！以前人們有小病時，都是去喝涼茶、看跌打的。這些傳統中醫藥文化，都是香港非物質文化遺產呢！」

喝過涼茶，石獅安安發現附近有一間跌打醫館。「這幾天我的背有點痛，不如請跌打師傅看看，順道認識這項非物質文化遺產吧！」石獅安安心想。

跌打師傅看見來的病人是一隻小石獅，既驚訝又好奇，為他檢查了一番後，發現石獅安安背上有條小裂縫，怪不得他會腰酸背痛啦！跌打師傅為他塗石灰水，石獅安安的背立即就不痛了！

塗好石灰水了。

我的背不痛了，真神奇！

知識加油站

什麼是跌打？

跌打這種治療方法，在很久以前，主要是學武術的人所用的。他們在日常的武打訓練中，經常「跌」傷、「打」傷，所以用來治這些傷痛的方法，也就叫做「跌打」了。跌打是中醫的骨傷科，主要以推拿、敷藥、針灸、拔火罐等作為治療方法。

離開跌打醫館時，天已經黑了。不過……「咦？哪兒來的一條巨龍？」

知識加油站

為什麼要舞火龍？

傳說在1880年，大坑的村民打死了一條大蟒蛇，想不到卻為村子引來了瘟疫。為了消災，村民便在中秋節前後三天（即是農曆八月十四至十六日）舞火龍和放鞭炮，終於把瘟疫驅除，於是舞火龍便成為了大坑居民的傳統節日活動。

原來這天是中秋節，有人在舞火龍呢！大坑舞火龍是香港非物質文化遺產，只見插滿香枝的火龍又長又重，需要三百多人才能舞動。石獅安安貪玩舞了一會兒龍頭，大家看見舞龍的竟是隻小石獅，都感到很有趣！

石獅安安心想：「嗯，真希望香港非物質文化遺產能被更多人所認識。」

動動腦筋

為什麼舞的是火龍？
農曆新年的時候也有舞龍活動，但龍身是用布料製成。為什麼大坑舞動的卻是火龍？（答案見第31頁）

病毒快快走！

接下來幾天，石獅安安都在想辦法。突然，他靈機一動：「啊！我為什麼不舉辦一場香港非物質文化遺產博覽會，邀請大家參觀呢？」

他剛好經過黃大仙祠，聽說人們會去祠廟參拜來祈求好運。石獅安安的好奇心被勾起來了，便跟着去看看。想不到，這裏也有大發現呢！

哪裏可以找到更多香港非物質文化遺產呢？

真巧，黃大仙信俗就是其中之一！

什麼是黃大仙信俗？

黃大仙原名黃初平。傳說他修煉成仙，濟世救人，受到百姓愛戴。每年農曆年除夕，大批民眾都會到黃大仙祠爭「上頭炷香」，而農曆八月二十三日是黃大仙誕，也有不少民眾去參拜祈福。

黃大仙祠裏有三種宗教？

香港的黃大仙祠是一間道教的廟宇，但是裏面設有包括儒教、道教、佛教三教的聖堂，體現了中國傳統信仰三教合一的普遍現象。香港市民經常到黃大仙祠祈福，還有「黃大仙有求必應」的說法呢！

石獅安安要為博覽會做準備了。不過在這之前，石獅安安被一陣香噴噴的味道吸引。他走進了一間茶餐廳，順便打聽香港非物質文化遺產的消息。

老闆聽到石獅安安的提問後哈哈大笑，為他送上一碟熱騰騰的蛋撻、一杯香濃的奶茶。

這些食物我們從小吃到大！

城市發展得很快，但食物仍舊像以前一樣可口。

22

「製作蛋撻和奶茶的技藝，就是香港非物質文化遺產！」老闆自豪地說。

石獅安安高興地說：「嘩！原來這些珍寶就在我們身邊！」

我喜歡蛋撻和奶茶！

知識加油站

蛋撻和奶茶是怎樣製成的？

蛋撻是英國的傳統美食，在香港經過改良後，用上牛油曲奇般的撻皮，再加入雞蛋、水和糖為餡，烤出來的蛋撻外皮鬆脆，內餡像布丁一樣軟滑，美味非常！

港式奶茶又稱為「絲襪奶茶」，因為用來隔茶渣的白色茶袋，經過茶水反覆浸染變成咖啡色，就像絲襪的顏色呢。沖奶茶的基本步驟：

加水煲茶　　反覆撞茶　　焗茶
　　　　　　　多次

撞奶　　　　完成！

23

老闆又說：「我以前在大澳住過棚屋，建造它們的技術也是香港非物質文化遺產，你一定要去看看！」

石獅安安來到大澳，「嘩！這些屋子都是建在水面之上的！」石獅安安看得目瞪口呆。

棚屋主要由木材和鋅鐵所建成，用一根根木柱支撐着，看似簡陋，卻非常穩固和實用！

這樣的建築真神奇！

在香港，只有大澳和馬灣有棚屋呢。

知識加油站

棚屋建築有什麼特色？

棚屋最初是漁民居住的屋子。棚屋建在水面上，以木柱或竹桿支撐，漁船停靠在屋旁，以便出入。早期的棚屋建成拱形，就像小船倒轉後的樣子，十分有趣。後期的棚屋改以斜屋頂，柱子交叉搭建，令屋子更加穩固。

早期棚屋

後期棚屋

在香港，懂得製作傳統龍舟的師傅已經不多了。

在船家的介紹下，石獅安安知道龍舟製作技藝也是香港非物質文化遺產。既然在大澳可以見到龍舟，他當然要去參觀一下啦！

熱情的船家帶石獅安安來到存放龍舟的地方，說：「這些用柚木製成的龍舟又長又重，

可以坐幾十人，每一道工序，由建造到組裝各部分，都精益求精。」

　　划龍舟是端午節的習俗，石獅安安決定明年端午節時，一定要再來大澳觀賞「龍舟遊涌」！

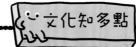
文化知多點

什麼是「龍舟遊涌」？
「龍舟遊涌」是香港大澳的端午節傳統活動，也是香港非物質文化遺產。相傳古時候，大澳出現瘟疫，漁民把廟宇裏的神像安放在小艇上，用龍舟拖着小艇在水道之間巡遊，最後為大家帶來了平安，這個傳統活動便流傳至今。

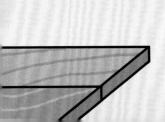

經過多方面搜集資料，石獅安安和石獅爸爸同心協力地策劃，終於舉辦了一場香港非物質文化遺產博覽會。

動動腦筋

為何要保護非物質文化遺產？
這次的香港非物質文化遺產博覽會舉辦得非常成功呢！小朋友，請想一想，我們為什麼要保留和保護人類的非物質文化遺產呢？它們對未來社會的發展，有什麼重要之處？（答案見第31頁）

石獅安安之前認識的好朋友
都來向大家展示各種香港非物質
文化遺產呢！

幸福雲吞

非物質文化遺產博覽會

謝謝你們
來幫忙！

不用客氣。

呵呵，有點緊張。

穿上由裁縫師傅為他度身訂造的中式長衫，石獅安安站在博覽會入口歡迎所有來參觀的市民。大家都對石獅安安不遺餘力，用心推廣香港非物質文化遺產的努力大為感動！

獅子山下充滿了歡樂的笑聲，現場一片樂也融融！

動動腦筋

你最喜歡哪一個非物質文化遺產呢？

小朋友，石獅安安探訪了這麼多地方，認識了這麼多香港非物質文化遺產，你最喜歡哪一個呢？為什麼？（自由發揮作答）

香港非物質文化遺產博覽會

歡迎你們！

語言

粵語

客家話

宗教和節慶活動

黃大仙信俗

大坑舞火龍

龍舟遊涌

表演藝術

粵劇

小朋友，你還記得這本書中介紹過哪些香港非物質文化遺產嗎？請你來看看吧！

民間智慧

涼茶

跌打

傳統手工藝

製作中式長衫和裙褂

製作雲吞

製作蛋撻和奶茶

建造棚屋

建造龍舟

「動動腦筋」答案：

P.7（參考答案）語言像文字一樣，包含了人類的歷史和文化。如果我們祖先留下來的文字記錄、錄音，再沒有人能讀得懂、聽得懂，那是多麼的可惜啊！

P.19 舞火龍是為了消除瘟疫。鞭炮內的硫磺火藥和香火的薰煙，對殺菌有一定功效，所以人們會舞火龍；而火龍上的香稱為長壽香，有祈福的意思。

P.28（參考答案）每個非物質文化遺產背後都包含了社區或羣體的集體回憶，有着深厚的歷史和文化價值，值得一代一代的承傳下去。保留文化多樣性，令世界文化更豐富，還可以鼓勵人們欣賞和尊重不同的文化。

石獅安安愛遊歷
尋找生活中的珍寶

作者：麥曉帆

策劃・責任編輯：潘曉華

繪者・美術設計：李成宇

出版：新雅文化事業有限公司

香港英皇道499號北角工業大廈18樓

電話：(852) 2138 7998

傳真：(852) 2597 4003

網址：http://www.sunya.com.hk

電郵：marketing@sunya.com.hk

發行：香港聯合書刊物流有限公司

香港新界大埔汀麗路36號中華商務印刷大廈3字樓

電話：(852) 2150 2100

傳真：(852) 2407 3062

電郵：info@suplogistics.com.hk

印刷：中華商務彩色印刷有限公司

香港新界大埔汀麗路36號

版次：二〇二〇年九月初版

二〇二二年九月第二次印刷

ISBN: 978-962-08-7611-0